Manoj Kumar Singh
R.P. Singh Sumit Rai

# Efeito dos níveis de azoto e da urina de vaca no arroz (Oryza sativa L.)

Manoj Kumar Singh
R.P. Singh Sumit Rai

# Efeito dos níveis de azoto e da urina de vaca no arroz (Oryza sativa L.)

ScienciaScripts

**Imprint**


Cover image: www.ingimage.com

This book is a translation from the original published under ISBN 978-3-659-86446-9.

Publisher:
Sciencia Scripts
is a trademark of
Dodo Books Indian Ocean Ltd. and OmniScriptum S.R.L publishing group

120 High Road, East Finchley, London, N2 9ED, United Kingdom
Str. Armeneasca 28/1, office 1, Chisinau MD-2012, Republic of Moldova, Europe
Managing Directors: Ieva Konstantinova, Victoria Ursu
info@omniscriptum.com

Printed at: see last page
**ISBN: 978-620-8-53024-2**

# ÍNDICE

# Capítulo - I INTRODUÇÃO

A Índia tem de sustentar 16% da população mundial em 2,4% da área terrestre global. Tem de alimentar a sua população em crescimento utilizando 3% e 5% das terras agrícolas e dos recursos hídricos mundiais. O arroz, alimento de base para três quartos da população indiana, tornou-se um objeto de comércio nas últimas duas décadas. Contrariamente às previsões feitas em meados dos anos oitenta, a produção de arroz registou um crescimento tão louvável que alcançámos a autossuficiência e contivemos as importações. A segurança alimentar nacional depende fortemente do arroz e do trigo (98,1%), contribuindo o arroz, por si só, para 43% da produção de géneros alimentícios e 46% da produção de trigo no país. Entre os países produtores de arroz, a Índia tem a maior área, seguida da China e do Bangladesh. No que respeita à produção, a Índia ocupa o segundo lugar, com 99,37 milhões de toneladas de arroz, seguida da China, com 134,33 milhões de toneladas de arroz em 2009 (IRRI). O rendimento médio do arroz na Índia é de apenas 2,12 toneladas $ha^{-1}$ em 2009 (IRRI). A produção de arroz registou um aumento de três campos de 30,4 milhões de toneladas para 43,34 milhões de toneladas, um recorde histórico em 2001-2002 desde a introdução das variedades de alto rendimento baseadas no tipo de planta em 1966, permitindo assim à Índia tornar-se um potencial país exportador de arroz. Entre os vários produtos agrícolas exportados pela Índia, só o arroz representou 40,4% do volume total e 33,2% das divisas. Os principais países importadores de arroz indiano são a Nigéria, as Filipinas, a Arábia Saudita, o Iraque, a África do Sul, o Bangladesh e a Indonésia (Viraktamath e Rani, 2008).

Entre os vários fertilizantes N utilizados na produção agrícola, a ureia detém a maior parte. A eficiência de utilização do N aplicado dificilmente excede os 35 por cento, mesmo com as melhores práticas agronómicas em arroz de terras baixas (Prasad e De Datta 1979, De Datta 1987).

A contínua escassez de energia, o custo mais elevado dos fertilizantes em relação ao preço do grão de arroz e a crescente preocupação com a produtividade do solo a longo prazo e a sustentabilidade ecológica têm estimulado uma grande quantidade de investigação sobre fontes orgânicas como substituto ou suplemento de fertilizantes químicos. Uma vez que a quantidade de N que pode ser adicionada através de diferentes fontes orgânicas por si só não é suficiente para satisfazer todas as necessidades de N do arroz, o fertilizante N aplicado em conjunto com medidas orgânicas pode ser uma alternativa melhor do que a única fonte inorgânica ou orgânica (Sarvanan *et al.* 1987). O arroz inundado cresce num sistema complexo de solo, água e atmosfera no qual muitos processos físico-químicos e biológicos influenciam as transformações de N e a sua disponibilidade no solo, a sua utilização e eficiência na cultura do arroz.

Para alimentar a população projectada de 1,41 mil milhões de pessoas até 2,25, a Índia precisa de produzir pelo menos 350 milhões de toneladas de cereais alimentares. As necessidades alimentares acrescidas do futuro devem ser satisfeitas através de uma agricultura intensiva sem grande expansão das terras aráveis. A diminuição da taxa de crescimento da produtividade das principais culturas, bem como da taxa de resposta das culturas à adição de fertilizantes no âmbito de um sistema de cultivo intensivo, resultou possivelmente da deterioração da qualidade física, química e biológica dos solos. O crescimento do consumo de fertilizantes abrandou durante a década de 1990 e registou-se uma situação de estagnação durante 4-5 anos. Recentemente, porém, o consumo de fertilizantes voltou a registar um surto. Após ter atingido um nível de consumo recorde de 18,1 milhões de toneladas de NPK em 1999-00, o consumo total de NPK atingiu 21 milhões de toneladas em 2006-2007. Ao nível atual da produção agrícola, existe um saldo negativo de 10 milhões de toneladas entre a remoção de nutrientes (NPK) pelas culturas e a adição anual (Rao e Reddy, 2008).

Entre as diferentes fontes orgânicas, a urina de vaca pode ser uma fonte de azoto. A análise da urina de vaca mostrou que ela contém nitrogénio, enxofre, fosfato, sódio, manganês, ácido carbólico, ferro, silício, cloro, sal, vitaminas, A, B, C, D&E, lactose mineral, hormona enzimática assim como ácidos dourados. O N total na urina da vaca variou de 6.8-21.1 g N litro$^{-1}$ do qual em média 69% era ureia, 7.3% alantoína, 5.8% ácido hipúrico, 3.7% creatinina, 2.5% creatina, 1.3% ácido úrico e 0.5% xantina mais hipoxantina, 1.3% azoto de aminoácidos livres e 2.8% como amoníaco (Bristow *et al.* 1992)

A urina de vaca destilada contém também muitos tipos de antifúngicos, antimicrobianos e antibióticos, como a quinolona, a rifampicina, a tetrocitina, agentes anti-infecciosos e anticancerígenos, etc. A biodisponibilidade dos nutrientes e o aumento do efeito dos antibióticos são importantes para a saúde humana, vegetal e animal. É também utilizado na prática agrícola e veterinária. Para aumentar a utilidade e a conveniência da aplicação da urina de vaca, os requerentes fraccionaram ainda mais a forma sólida rica, que também não tem o cheiro típico da urina de vaca. As porções insolúveis em álcali, idênticas em todos os aspectos ao óleo não fenólico isolado da urina de vaca, consistem numa mistura que contém cresóis P com uma pequena percentagem de óleo volátil não fenólico.

Tendo em conta estes factos, a presente experiência foi realizada para estudar o "Efeito dos níveis de azoto e da urina de vaca no arroz (*Oryza sativa* L.)" com os seguintes objectivos

1. Estudar o efeito dos níveis de azoto e da urina de vaca no crescimento e no rendimento do arroz.

2. Estudar o efeito dos níveis de azoto e da urina de vaca no teor de azoto do arroz.

3. Observar o estado do azoto disponível no solo.

# Capítulo - II REVISÃO DA LITERATURA

Alguns trabalhos de investigação importantes e relevantes para o presente estudo foram analisados neste capítulo.

**Rabindra (1986)** realizou uma experiência para estudar a perda de azoto por volatilização na cultura do arroz. Verificou-se que a ureia revestida com torta de neem reduziu significativamente a perda de azoto e aumentou o rendimento como consequência de uma melhor absorção de azoto em comparação com a ureia de coaltar.

**Rajgoplan e Subramanian (1986)** referiram que os níveis e fontes de azoto influenciaram significativamente o rendimento do arroz. Na kharif, o USG, a ureia revestida com torta de neem (orx) e o Coaltar (%) com níveis de azoto mais elevados produziram um rendimento significativamente mais elevado do que a PU. Em rabi, a aplicação de USG com níveis de azoto mais baixos produziu um rendimento igual ao da torta de nim, do coaltar e do USG aplicado com níveis de azoto mais elevados.

**Jena e Mishra (1987)** relataram que as seis fontes de ureia, a saber, ureia comprimida (PU), ureia supergranulada (USG), ureia granulada grande (LGU), ureia revestida com nim (NCU), ureia revestida com fosfato de rocha (RCU) e ureia revestida com enxofre (SSU), aplicadas ao arroz, eram equivalentes ao azoto recomendado. O rendimento com USG e NCU foi igual e significativamente superior ao das outras fontes de azoto, sendo que o USG a 75 kg N por hectare foi o melhor tratamento, como refletido na resposta do rendimento e na recuperação aparente de azoto.

**Ramasamy *et al.* (1987)** estudaram a eficiência comparativa e o tempo de aplicação de materiais de ureia de libertação lenta, tais como ureia revestida com bagaço de neem (NCCU), 20% de pó de bagaço de neem, ureia revestida com coaltar (c7w, 1% de coaltar), supergrânulo de ureia (USG 1-a size) e ureia comprimida (PU) em solo argiloso para a cultura do arroz. O rendimento com ureia revestida com torta de neem e C7 W só é semelhante ao da ureia comprimida. A aplicação dividida de ureia de libertação lenta deu rendimentos mais elevados do que uma única aplicação basal.

**Mirza e Reddy (1989)** realizaram uma experiência para estudar o efeito de materiais de ureia modificados em níveis graduados de azoto em condições experimentais e de gestão do agricultor em arroz de terras baixas. Foram aplicadas três formas de fontes de azoto, tais como: a) ureia comprimida, b) ureia revestida com bagaço de nim; c) supergrânulos de ureia. Observaram que o rendimento de grãos e de palha aumentava com a taxa de azoto e que o rendimento médio era de 4,34, 4,27 e 4,29 t $ha^{-1}$ para (a), (b) e (c) respetivamente.

**Muneshwar *et al.* (1989)** compararam a ureia revestida de nim com alguns outros fertilizantes de ureia revestidos num solo calcário alcalino. Observaram que a aplicação destes materiais aumentou significativamente o rendimento dos grãos, a absorção de azoto e a recuperação do azoto aplicado. O NCCU, o SCU e o LCU mantiveram uma quantidade mais elevada de NO3-N no solo durante todo o período de crescimento do trigo, em comparação com a ureia e a ureia ligada à torta de nim (NCBU). A recuperação do azoto pelo trigo a partir destes materiais foi de 30,8, 31,1 e 27,7 para SCU, NCCU e LCU, respetivamente.

**Agrawal *et al.* (1990)** estudaram o efeito do azoto de libertação lenta e dos inibidores de nitrificação na sequência arroz-trigo. Foram aplicadas cinco formas de fontes de azoto, tais como supergrânulos de ureia, ureia revestida com gesso e ureia comprimida. Observaram que o azoto sob a forma de supergrânulos de ureia foi o mais eficaz, seguido da ureia revestida com gesso, da ureia revestida com neem, da ureia revestida com ácido e da ureia comprimida. O azoto aplicado ao arroz mostrou um efeito residual no rendimento do grão de trigo e o efeito aumentou com o aumento da taxa de azoto. A ureia revestida com gesso apresentou os efeitos residuais mais elevados.

**Mishra *et al.* (1990)** relataram os efeitos da ureia revestida com torta de nim e goma-laca e adubo verde na química da água inundada. O uso de ureia revestida com torta de nim ou goma-laca para adubação basal reduziu a concentração de nitrogênio amoniacal da água inundada, bem como a volatilização de amônia, mas não melhorou a eficiência do uso de nitrogênio em comparação com a aplicação dividida de ureia.

**De acordo com Britow *et al.* (1992),** dez amostras de urina de vacas leiteiras, cinco de ovelhas e quatro de cabras foram analisadas para avaliar a distribuição do azoto urinário (N) entre vários constituintes químicos, a fim de obter uma melhor compreensão das reacções sofridas pelo N urinário no solo. O azoto total na urina de vaca variou entre 6,8 e 21,0 g N litro$^{-1}$, dos quais uma média de 69 % estava presente como ureia, 7,3 % como alantoína, 5,8 % como ácido hipúrico, 3,7 % como creatinina, 2,5 % como creatina, 1,3 % como ácido úrico, 0,5 % como xantina mais hipoxantina, 1,3 % como aminoácido livre N e 2,8 % como amoníaco. Na urina de ovelha, o N total variou de 3,0 a 13,7 g litro$^{-1}$, dos quais uma média de 83 % estava presente como ureia, a creatina representava 5,3 % do N, o ácido hipúrico e a alanina representavam 4,3 %, enquanto cada um dos outros constituintes representava menos de 1 % do N total. A urina de cabra era semelhante à urina de ovelha, mas com uma proporção mais baixa de creatina para creatinina e uma proporção um pouco mais elevada (2,0 %) do N total como aminoácido.

**Ali e Singh (1994)** relataram que o rendimento mais elevado de grãos e palha e a absorção de azoto do arroz *(Var.* 'Manhar') quando os supergrânulos de ureia (USG) foram colocados em profundidade. A eficiência da utilização do azoto (NUE) foi mais elevada quando os USG foram colocados em profundidade, em comparação com os outros. O pH da água de inundação variou de 7,1 a 8,3 às 800 horas e de 7,4 a 9,1 às 1400 horas até 19 dias após a inundação. A concentração de azoto amoniacal e PNH3 na água de inundação foi mais baixa com esta fonte de azoto.

**Blaise e Prasad (1994)** constataram que a ureia revestida com gesso e torta de nim não diferia muito da ureia isolada em condições anaeróbicas. Mas em condições aeróbicas, a ureia com torta de neem mostrou uma perda total de $NH4^+$ significativamente mais baixa em comparação com a ureia comprimida isolada e a ureia com gesso.

**Rao e Moarthy (1994)** relataram que quando toda a dose de nitrogênio foi aplicada como MRPU basal (ureia revestida com fosfato de rocha mussórica) e NCU (ureia revestida com Neem) foram superiores a PU (ureia perfurada) e LGU (ureia granulada grande) no rendimento de grãos de arroz. Uma aplicação dividida em duas partes de MRPU ou NCU foi melhor do que uma única aplicação basal. Uma divisão de três vias do azoto PU eficiência através do tratamento mostrou uma tendência semelhante. Todas as aplicações de azoto aumentaram significativamente o rendimento de grãos em relação ao controlo até 54%.

**Suresh *et al.* (1994)** efectuaram uma experiência de campo sobre as formas de N no lixiviado devido à aplicação de diferentes fontes de N no arroz. A maior parte do N no lixiviado estava na forma de NH4-N, seguida de NH2-N e a menor na forma de $NO3^-$ N em ambas as estações. O conteúdo de NH2-N no lixiviado só pôde ser detectado até uma semana após o dia da aplicação do fertilizante de ureia revestida com torta de nim seguida de ureia-gesso. A aplicação de cloreto de amoníaco registou o teor mais baixo de $NH4^-$N no lixiviado, seguido da ureia revestida com torta de neem e da ureia-gesso, que registou o teor mais baixo de $NH4^-$N e $NO3^-$N no lixiviado e produziu um rendimento máximo de grãos de arroz durante ambas as épocas de cultivo.

**Das e Singh (1994)** referiram que o rendimento do grão e a eficiência da utilização do azoto pelo arroz (*var.* Jaya) eram maiores quando os supergrânulos de ureia (USG) eram aplicados em profundidade do que quando os supergrânulos de ureia eram aplicados em camadas largas e incorporados e a ureia comprimida era aplicada em três parcelas num Aquic Hapludall. O rendimento do grão mostrou uma relação quadrática com o nível de azoto. O pH, a alcalinidade total e a concentração de amoníaco da água de inundação foram máximos nas parcelas de ureia comprimida, seguidas da ureia USG em camadas largas e incorporada e da ureia USG em camadas profundas, o que sugere perdas potenciais mais elevadas através da volatilização do amoníaco no caso do agricultor, em comparação com os dois últimos.

**Bandyopadhyay e Sarkar (1995)** estudaram a eficiência da utilização do azoto e o balanço do azoto no arroz (CV Pusa Basmati-1), bem como as perdas de azoto em campos de arroz inundados, sob a influência de fontes e níveis de azoto. O arroz foi cultivado com três fontes de azoto, ou seja, ureia, ureia + carboneto de cálcio revestido (CCC) e ureia + estrume de quintal (FYM).

A aplicação de carboneto de cálcio revestido juntamente com ureia melhorou significativamente a recuperação de azoto fertilizante pela cultura em relação à aplicação única de ureia. A aplicação de carboneto de cálcio revestido juntamente com a ureia reduziu a desnitrificação e a perda de azoto por lixiviação, mas aumentou a perda de amoníaco por volatilização em relação à aplicação exclusiva de ureia.

**Mishra *et al.* (1995)** efectuaram uma experiência em microparcelas replicadas (1m× 1m) com arroz (CV pathara) para hidrólise da ureia utilizando várias fontes de N-fertilizante à base de ureia, nomeadamente ureia revestida com gesso (GCU), nitrofosfato de ureia (UNP) (19-19-0), nitrofosfato de ureia (UNP) (27-9-0), supergrânulos de ureia (USG), ureia comprimida (PU)+carboneto de cálcio encapsulado (ECC) juntamente com PU, FYM sem azoto (controlo). A ureia marcada com 15 N (10 % e.a.) foi também aplicada ao arroz cultivado em microparcelas fechadas com polietileno. Os resultados indicaram uma resposta altamente significativa no rendimento do grão devido a todos os fertilizantes de N à base de ureia, entre os quais o USG e o PU (aplicados em duas parcelas) podem ser considerados como a fonte mais eficiente de N. Com base na perda de volatilização de amoníaco medida, a concentração de $N_{H2}^{-}$ N na água de inundação e na solução do solo (após a aplicação do fertilizante), observou-se que a hidrólise da ureia foi mais rápida no caso do tratamento GCU e UNP (27-9-0). Com base na experiência com 15 N de ureia comprimida marcada, observou-se que cerca de 24% do N do fertilizante foi utilizado pela cultura em sistema fechado, em comparação com 18% em sistema natural livre. Cerca de 6-7% do N volatilizou-se, 40-48% do N permaneceu no solo em forma complexa e 23% do N perdeu-se por lixiviação e/ou desnitrificação no sistema fechado.

**Kumar *et al.* (1996)** realizaram uma experiência de campo para avaliar o efeito dos níveis de ureia e o seu método de aplicação (antes e depois da aplicação de poças) e a duração da pré-submergência antes da transplantação no rendimento e na composição mineral do arroz num solo sódico. Níveis crescentes de N antes do empoçamento e uma semana de pré-submergência aumentaram significativamente o rendimento de grãos e palha e a absorção de N. A aplicação de N aumentou a concentração de N, P e Cu na cultura. O método de aplicação de N não teve efeito significativo na concentração de todos os nutrientes na cultura.

**Kumar *et al.* (1996)** também referiram que a aplicação de ureia líquida no subsolo a uma concentração de 10 por cento aumentou a absorção de azoto em 24 por cento do que o controlo. O rendimento do grão foi 22%, 15% e 15% superior ao da testemunha, com a aplicação de USG e ureia comprimida no subsolo, respetivamente.

**Velu e Ramanathan (1996)** realizaram uma experiência de campo para determinar, no solo húmido, o cultivo de arroz em diferentes estações, bem como no final de três épocas de cultivo, utilizando diferentes fontes de N a 0, 51, 102 e 153 kg $ha^{-1}$. O teor de N do solo (total), bem como as perdas por volatilização e lixiviação de N, foram mais elevados durante a estação mais quente do que na estação fria. Um balanço positivo de N de cerca de 55 kg N $ha^{-1}$ foi observado durante as estações mais quentes. Enquanto que foi negativo (33 kg N $ha^{-1}$) durante a estação fria. O balanço de N foi positivo em níveis mais baixos de N aplicado (até 102 kg N $ha^{-1}$) e negativo em níveis mais altos de N (153 kg N $ha^{-1}$). O balanço líquido global de N no final da estação das três culturas foi de 78 kg N $ha^{-1}$ $ano^{-1}$.

**Mahapatra *et al.* (1997)** realizaram uma experiência de campo para estudar o efeito de várias práticas de gestão do azoto, incluindo o adubo verde (*Sesbania aculeata*) e a ureia, no rendimento e na eficiência da utilização do azoto pelo arroz cultivado em águas pouco profundas em estações húmidas. A aplicação de 80 kg de N $ha^{-1}$ através de adubo verde uma semana antes do transplante do arroz ou a substituição da dose basal de 50 por cento de N através de adubo verde mais 50 por cento através de ureia comprimida deu o maior rendimento, manteve maior disponibilidade de $NH_4^+$ -N no solo e diminuiu as perdas de N através de lixiviação e volatilização.

**Mohanty *et al.* (1998)** relataram o efeito da aplicação extranumerária de adubo verde (*Sesbania aculeata*) e ureia no balanço de 15 N numa sequência de culturas de arroz - grama verde - arroz. Foi observada uma resposta à adubação verde e também à ureia até 80 kg $ha^{-1}$ na primeira cultura da sequência. Não se observou qualquer benefício da adubação verde nas culturas seguintes. A ureia-N foi melhor utilizada do que o adubo verde-N, quer aplicado isoladamente quer em combinação, até um total de 50 kg N $ha^{-1}$. Uma maior eficiência de utilização do azoto foi associada a uma menor taxa de aplicação de N. A utilização combinada de adubo verde e ureia resultou numa maior eficiência de utilização do azoto até 80 kg N $ha^{-1}$. As perdas de azoto por lixiviação e volatilização de amoníaco foram pequenas. Um total de 37-43% do N aplicado não pôde ser contabilizado no estudo. A adubação verde encorajou a recuperação do N do fertilizante, pela cultura e maior retenção de

N no solo.

**Chauhan (1999)** comparou a ureia revestida com bagaço de neem com a ureia comprimida. Entre os materiais de ureia revestidos, a ureia revestida com bagaço de neem foi igual e significativamente superior à ureia comprimida no que diz respeito ao rendimento, aos atributos de rendimento e à absorção de azoto e sua recuperação no sistema arroz-trigo. Os rendimentos de grãos de ambas as culturas com 90 kg N $ha^{-1}$ como bagaço de neem revestido foram iguais aos obtidos com ureia comprimida a 120 kg N $ha^{-1}$.

**Devasenapathy e Palaniappan (2000)** relataram que o rendimento de grãos e a eficiência do uso de nitrogênio foram maiores para a colocação de solução de uréia em faixas de 50 e 100 kg N ha $^{-1}$ em comparação com a aplicação dividida convencional de PU a 100 kg N ha $^{-1}$. Foi registada uma recuperação total de azoto de 58,66% e 51,65% para o tratamento com colocação em banda de solução de ureia a 50 e 100 kg N $ha^{-1}$, respetivamente, em comparação com 47,78% para NCU e 25,53% para aplicação dividida convencional como PU.

**Kundu *et al.* (2000)** estudaram a contribuição do N do solo e do fertilizante para a absorção total de N pelo trigo, utilizando a metodologia do marcador. O fertilizante N foi adicionado a 40, 80 e 120 kg $ha^{-1}$ através de ureia marcada com 15 N @ 3 % de excesso atómico. O rendimento de grãos e a absorção de N aumentaram em 89% (por cento) e 140%, respetivamente, em relação ao conteúdo no nível mais alto de aplicação de N. O valor 'A' do solo não se alterou com as taxas de N do fertilizante, enquanto a absorção de N do solo foi maior nas parcelas fertilizadas do que nas parcelas de controlo e a maior absorção de N do solo (46,4 kg $ha^{-1}$) foi registada no nível mais elevado de aplicação de N. Cerca de 2/3$^{rd}$ (38,5-40,2 %) do N aplicado foi registado pela cultura colhida. A proporção do N aplicado que permaneceu no solo (24,6-34,0 %) diminuiu e a que se perdeu do solo (27,5-35,5 %) aumentou com o aumento dos níveis de N aplicado.

**Pal e Shenoy (2000)** relataram o efeito do inibidor de azoto e do tempo de aplicação do fertilizante azotado no milho híbrido. O tratamento com ureia incluiu ureia não tratada (**u1**), ureia revestida com neem (**u2**) e ureia revestida com biosa-c **(u3)**. Os tratamentos **u2** e **u3** resultaram em maior rendimento e componentes de rendimento em comparação com **u1**.

**Shivay *et al.* (2001)** verificaram que a ureia revestida com bagaço de neem e a ureia revestida com emulsão de óleo de neem, independentemente da concentração, melhoraram o crescimento do arroz, os atributos de rendimento e resultaram em maior rendimento de grãos e palha, absorção de azoto e maior recuperação aparente de azoto do que a ureia comercial comprimida.

**Yaduvanshi (2001)** realizou uma experiência de campo para descobrir o efeito da utilização integrada de fertilizante N e adubação verde ou FYM avaliada nas perdas por volatilização de amoníaco num solo alcalino (pH 8,7, ESP 18). As perdas por volatilização de amoníaco diminuíram significativamente com a FYM ou a adubação verde combinada com a aplicação de ureia - N em comparação com a aplicação de ureia-N isolada. As perdas de volatilização de amoníaco foram de 1,23, 23,46 e 32,20 kg N ha$^{-1}$ após a aplicação de 0, 120 e 180 kg N ha$^{-1}$, respetivamente, enquanto 120 kg N ha$^{-1}$ combinados com adubo verde ou FYM resultaram em perdas de volatilização de amoníaco de 16,08 ou 17,75 kg N ha$^{-1}$, respetivamente. As perdas por volatilização de amoníaco foram maiores até 24 horas após a aplicação de ureia e diminuíram acentuadamente durante as 48 horas seguintes. A adição da segunda e da terceira parte de N como ureia-N deu perdas de amoníaco significativamente mais baixas do que a aplicação basal antes da transplantação do arroz.

**Stalin *et al.* (2002)** relataram que a aplicação de N com base no MANAGE N (168 kg N ha$^{-1)}$ registou um rendimento de grãos significativamente mais elevado no ensaio em estação. No ensaio em forma, o MANAGE-N envolvendo o tempo preciso de N e CRN-ureia (60 % do STCR-N) registou um rendimento de grãos quase semelhante (6,30 e 6,37 t ha$^{-1}$, respetivamente).

Na aplicação de N com base no SPAD, o rendimento de grãos foi baixo, mas foi possível obter uma maior eficiência de utilização de N com uma menor aplicação de N.

**Ambily *et al.* (2003)** realizaram uma experiência de campo para determinar as perdas de azoto da ureia aplicada à superfície a diferentes taxas de aplicação e o efeito de formas modificadas de ureia na redução da perda de amoníaco. Aplicaram diferentes doses de ureia (100, 250 e 350 kg $ha^{-1}$) e a forma modificada de ureia @ 250 kg $ha^{-1}$ na superfície de khanfihumults ústicos. Descobriram que a forma modificada de ureia (bolo de neem equilibrado) reduziu significativamente as perdas por volatilização em 1,71%, seguida do bolo de neem (1,19) e da ureia revestida com nimina, respetivamente.

**Jena *et al.* (2003)** referiram que a aplicação de ureia comprimida e de supergrânulos de ureia melhoram significativamente o rendimento do grão e da palha do arroz e aumentam a eficiência da utilização de N e reduzem a perda por volatilização de amoníaco em relação à aplicação de ureia comprimida.

**Bhattacharya *et al.* (2006)** realizaram uma experiência de campo para estudar a eficiência da utilização do azoto (N) em arroz de terras baixas. O azoto foi aplicado a três níveis, a saber, 0, 90 e 120 kg $ha^{-1}$ através de ureia marcada com N-15, isoladamente ou em combinação com adubo verde ou adubo de quintal, na proporção de 2:1 e 1:1. A ureia aplicada isoladamente ou a sua aplicação combinada com produtos orgânicos resultou num rendimento de grãos semelhante. No entanto, a substituição de N até 50%, quer através de adubo verde quer de estrume de pátio, resultou numa redução do rendimento da palha em comparação com a ureia isolada. Quase não se registou uma acumulação de $NO_3^-$ N no solo, embora o teor de $NH_4$ -N tenha permanecido suficientemente elevado até 55 dias após a transplantação (DAT). A aplicação de ureia juntamente com FYM ou GM melhorou significativamente a sua eficiência de utilização (8-15%) em comparação com a ureia isolada.

**Purakayastha e Chhonkar (2006)** realizaram uma experiência de campo para avaliar a volatilização de amoníaco de fertilizantes compactados de ureia e micronutrientes aplicados em arroz cultivado num haplustept típico. Verificaram que a ureia compacta + FeSO4, ureia + MnSO4, ureia + ZnSO4 e ureia + CuSO4 apresentaram 19,8, 10,1, 18,7 e 22,2 % menos perdas de NH3-N, respetivamente, em comparação com a aplicação separada. Isto reflectiu-se no aumento do rendimento de grãos de arroz em 19,0, 13,2, 16,7 e 15,6 % em ureia compactada + FeSO4, ureia MnSO4, ureia + ZnSO4 e ureia + CuSO4, respetivamente, em relação à aplicação separada. O sulfato de cobre foi mais eficaz na redução do pH do solo, regulando a hidrólise da ureia, diminuindo a perda de NH3 e melhorando a recuperação aparente de N e o rendimento de grãos de arroz. A ureia compactada + CuSO4 pode ser um fertilizante promissor quando os agricultores utilizam CuSO4 como algicida e algistante em arroz de terras baixas.

**Singh *et al.* (2006)** verificaram que a absorção mais elevada de N, P e K estava associada à utilização integrada da aplicação de N, P, K e S com base em testes de solo, da FYM e do tratamento de adubação verde. Verificou-se uma acumulação de N, P e K disponíveis no solo em todas as práticas de gestão integrada de nutrientes, incluindo a aplicação de fertilizantes isoladamente, em relação à prática dos agricultores.

**Roal e Mahapatra (2006)** observaram que as fontes orgânicas e inorgânicas de N resultaram num melhor rendimento do arroz do que apenas a fonte inorgânica. O seu efeito residual também aumentou a produtividade da cultura seguinte. Estas utilizações integradas de fertilizantes orgânicos e inorgânicos são eficazes para aumentar a produtividade do sistema de cultivo. Além disso, tem uma influência benéfica nas propriedades físico-químicas do solo no que diz respeito à redução da densidade aparente e do pH e à melhoria do carbono orgânico, bem como do estado dos nutrientes disponíveis no solo em geral e do N em particular, para além de melhorar a eficiência da utilização do N no sistema de cultivo à base de arroz.

**Bulbule *et al.* (2006)** revelaram uma superioridade distinta dos brinquetes de fertilizante em relação ao fertilizante convencional (ureia perfurada) nas condições prevalecentes. O rendimento do arroz aumentou consistentemente quando a cultura foi fertilizada com briquetes (56 kg N $ha^{-1}$) em comparação com a aplicação de azoto através de fertilizante convencional (100 kg N $ha^{-1}$ dose pré recomendada de N). A colocação de briquetes (em espaçamento modificado 15,25× 15,25 cm) em taxas mais baixas a um custo extra é certamente favorável aos agricultores, uma vez que compensa o custo adicional através de um aumento substancial no rendimento de grãos (25-30 %) em níveis mais baixos de fertilizante.

**Somasundaram *et al.* (2007)** realizaram uma experiência de campo que consistiu em nove tratamentos, incluindo seis tratamentos de fontes orgânicas de nutrientes com e sem pulverização foliar Panchagavya (mistura de cinco produtos obtidos da vaca); dois tratamentos foram a dose recomendada de fertilizantes (RDF) com e sem pulverização foliar recomendada (RFS) e um controlo (sem adubo ou fertilizante aplicado). Os tratamentos foram montados num desenho de blocos aleatórios replicado três vezes. O estudo revelou que o aumento do teor de proteínas solúveis e da atividade da N-rase do milho, girassol e grama verde foi estimado com BGS e foi comparável aos tratamentos RDS, RFS, RDF e chorume de biogás (BGS) em ambos os anos. Foi observada uma maior absorção de azoto em todas as fases de crescimento do milho, girassol e greengram e BGS com Panchagavya. Foi registada uma maior produção de milho e girassol no BGS com Panchagavya. O rendimento de grãos do greengram foi maior sob os tratamentos recomendados de fertilizantes, mas foi comparável ao BGS com Panchagavya. Entre todas as fontes orgânicas experimentadas, a pulverização BGS + Panchagavya provou ser a melhor fonte do que as outras.

**Jarold *et al.* (2008)** relataram o número de materiais derivados de plantas e animais que possuem atividade antioxidante e antimicrobiana. O presente estudo refere-se a um material precioso e sagrado derivado de animais, a urina de vaca, que possui estas actividades. A atividade antioxidante foi realizada utilizando dois modelos in vitro, a atividade de eliminação do radical DPPH e a atividade de eliminação do superóxido. O ácido ascórbico foi utilizado como padrão de referência. A atividade antimicrobiana da urina de vaca e do seu destilado foi testada pelo método de poço de ágar utilizando micróbios como *Escherichia coli, Staphylococcos aureus, Staphylococcous epidermintis, Bacillus sbtilis, Klebsiella Pneumoniae* e *Proteus valgaris.* A urina de vaca e o seu destilado testados para actividades antioxidantes e antimicrobianas exibiram as actividades mencionadas e, comparativamente, a urina de vaca fresca foi considerada melhor do que o seu destilado. Estes resultados indicam que a urina de vaca tem actividades antioxidantes e antimicrobianas.

**Singh *et al.* (2008)** estudaram a influência dos níveis de azoto (90, 120 e 150 kg N ha$^{-1}$) e das fontes (ureia comprimida e ureia revestida de neem) nas propriedades do solo, no crescimento das culturas e no rendimento do arroz. A aplicação de azoto até 150 kg ha$^{-1}$ aumentou o rendimento do arroz em relação a 90 kg N ha$^{-1}$. A qualidade do solo em termos de carbono orgânico, azoto disponível, fósforo, potássio e B.D aumentou o pH, a CE e a porosidade, diminuindo com o aumento do nível de azoto até 150 kg ha$^{-1}$. A ureia revestida de nim foi superior à ureia comprimida. A aplicação de ureia revestida de nim aumentou o carbono orgânico, disponível, N, P e K no solo. A altura da planta, o número de perfilhos, o grão e o rendimento da palha foram mais elevados na parcela tratada com NCU do que com ureia comprimida em todos os níveis de azoto.

# Capítulo - III MATERIAIS E MÉTODOS

O presente estudo, intitulado "Effect of N Levels and Cow Urine on Paddy" (Efeito dos níveis de N e da urina de vaca no arroz), envolveu uma experiência de campo realizada durante a estação Kharif de 2009, seguida de uma análise laboratorial da amostra de planta e de solo no Departamento de Química Agrícola e Ciência do Solo, Faculdade Autónoma Udai Pratap, Varanasi. Os pormenores dos materiais utilizados e do método empregue são apresentados neste capítulo.

### Condições climáticas

Varanasi tem um clima tropical e subtropical situado na parte oriental de U.P., na Índia. A precipitação nesta região distribui-se normalmente por um período de três meses e meio, ou seja, da última semana de junho à segunda semana de outubro. O período de novembro a fevereiro é geralmente fresco e seco. A estação estival, de março à terceira semana de junho, é quente e seca.

### Detalhes experimentais

A experiência de campo foi realizada na quinta de investigação do Departamento de Química Agrícola e Ciência do Solo, Colégio Autónomo Udai Pratap, Varanasi, durante a estação Kharif de 2009.

### Disposição da experiência

O experimento foi conduzido em blocos casualizados (R.B.D.).

### Pormenores da disposição

Desenho experimental Desenho de blocos aleatórios (RBD)

| | |
|---|---|
| Número de tratamentos | 6 |
| Número de réplicas | 3 |
| Número total de parcelas | 18 |

| | |
|---|---|
| Tamanho da parcela | 2 m× 2 m |
| Fronteira de replicação | 1.0 m |
| Canal de irrigação principal | 1.0 m |
| Canal de sub-irrigação | 0.5 m |
| Cultura de ensaio | Arroz |
| Variedades | Moti |
| Espaçamento (Fileira× Planta) | 20× 10 $cm^2$ |

**Detalhe dos tratamentos**

Os pormenores dos tratamentos e da sua combinação são apresentados a seguir

| | | |
|---|---|---|
| T0 | Controlo | (Sem entrada) |
| T1 | NPK | 120:60:60 kg $ha^{-1}$ |
| T2 | NPK | 120:60:60 kg $ha^{-1}$ + urina de vaca |
| T3 | NPK | 100:60:60 kg $ha^{-1}$ + urina de vaca |
| T4 | NPK | 90:60:60 kg $ha^{-1}$ + urina de vaca |
| T5 | NPK | 60:60:60 kg $ha^{-1}$ + urina de vaca |

**Preparação do terreno**

O campo experimental foi lavrado com um trator durante o verão. Foi novamente lavrado com disco seguido de plantação no início da monção. Em seguida, o campo foi encharcado com a ajuda de um cultivador puxado por trator antes da transplantação do arroz. As datas importantes relacionadas com as operações de campo são apresentadas no quadro 2.

**Aplicação de fertilizantes**

A dose completa de fósforo e potássio e meia dose de nitrogénio foram aplicadas no momento da transplantação, após a poça através de DAP, MOP e ureia, respetivamente. A restante meia dose de azoto foi aplicada em duas partes iguais, primeiro na fase de perfilhamento e depois na fase de iniciação da panícula. A urina de vaca foi aplicada como fonte de azoto. A urina de vaca recolhida da mesma vaca foi aplicada @ 200 ml por parcela conforme o tratamento. Este processo foi feito até seis semanas, após o transplante.

### Amostragem do solo

As amostras de solo foram recolhidas aos 45 e 75 dias após a transplantação e aquando da colheita do arroz. As amostras de solo foram recolhidas com a ajuda de um Khurpi a uma profundidade de 0-15 cm no solo.

### Preparação das amostras

As amostras de solo foram levadas para o laboratório, secas ao ar, moídas e passadas por um peneiro de 2 mm, tendo sido recolhidas amostras representativas (500 g) em sacos de polietileno. As amostras foram analisadas relativamente a propriedades físico-químicas importantes.

### Amostras de plantas

As amostras de plantas foram recolhidas em diferentes fases de crescimento da cultura. A parte inferior da planta foi lavada com água e cortada cerca de 2-3 cm para remover as raízes. Em seguida, as amostras foram mantidas para secagem, primeiro à temperatura ambiente e depois na estufa a $60^0$C. Após a secagem, as amostras foram trituradas.

### Análise do solo

#### pH

Foi preparada uma suspensão de solo e água na proporção de 1:2,5 (10 g de solo e 25 ml de água destilada) e o pH foi registado com a ajuda de um medidor de pH digital com elétrodo de vidro (Chopra e Kanwar, 1999).

#### Condutividade eléctrica

Foi preparada uma suspensão de água do solo na proporção de 1:2,5 e o C.E. foi medido com a ajuda de uma ponte de condutividade à temperatura ambiente (Chopra e Kanwar, 1999).

**Carbono orgânico**

O teor de carbono orgânico do solo foi determinado pelo método de titulação rápida (Walkley e Black, 1934). Neste método, um grama de amostra de solo foi oxidado com uma mistura de dicromato de potássio 1N e ácido sulfúrico concentrado, utilizando o calor de diluição do ácido sulfúrico. O dicromato de potássio não utilizado foi novamente titulado com sulfato ferroso de amónio na presença do indicador difenilamina.

**Azoto disponível**

O azoto disponível foi determinado utilizando o método do permanganato de potássio alcalino (Subbiah e Asija, 1956). O procedimento envolveu a destilação do solo com solução alcalina de permanganato de potássio e a determinação do amoníaco libertado por titulação com ácido sulfúrico (0,02N).

**Absorção de nutrientes pelos cereais e pela palha**

A absorção de nutrientes pelo grão e pela palha foi calculada multiplicando a percentagem do teor individual de nutrientes no grão e na palha pelo rendimento correspondente. A absorção pelos grãos e pela palha aquando da colheita foi indicada em kg $ha^{-1}$.

**Atributos da planta**

**Número de perfilhos**

A contagem do número de perfilhos foi efectuada aos 30, 60, 90 DAT e na fase de colheita. Em cada parcela, uma área quadrada de um metro foi selecionada para a contagem do número de perfilhos. Os dados foram expressos em número de perfilhos por metro quadrado de área.

**Altura da planta**

A altura das plantas das linhas marcadas foi registada em cada parcela em diferentes fases de crescimento (30, 60, 90 DAT e na fase de colheita). Cinco colinas da área marcada foram selecionadas aleatoriamente e marcadas em cada parcela replicada e a altura foi medida desde a base da planta até à ponta da folha superior mais madura e esticada antes da emergência.

A média de todas as observações em cada parcela foi calculada e designada como altura média das plantas.

**Colheita e debulha**

A área da parcela em rede foi colhida após a remoção da linha de fronteira. O produto foi recolhido sob a forma de pequenos feixes e deixado no campo para secagem. Após uma semana de secagem, o peso dos feixes foi registado e debulhado.

**Rendimento de grãos e palha**

Após a debulha, o peso do grão foi registado e ajustado a 14% de humidade. O rendimento em palha de arroz foi calculado subtraindo o rendimento em grãos do rendimento biológico total.

**Análise estatística**

Os dados gerados como resultado da experimentação foram analisados estatisticamente pelo método de "Análise de Variância", conforme descrito por Chandel (2004). A significância do efeito do tratamento foi avaliada com a ajuda do teste da razão de variância. A diferença crítica (DC) a um nível de significância de 5% foi calculada para determinar a diferença entre as médias dos tratamentos.

**Tabela 1. Análise físico-química do solo inicial**

| **Propriedades físico-químicas** | **Valores** |
|---|---|
| pH | 7.7 |
| CE ($dSm^{-1}$) | 0.47 |
| Carbono orgânico (%) | 0.37 |
| Azoto disponível (kg $ha^{-1}$) | 180.95 |
| $Ca^{++}$ ($mel^{-1}$) | 6.3 |
| $Mg^{++}$ ($mel^{-1}$) | 5.45 |
| Densidade aparente (Mg $m^{-3}$) | 1.57 |
| Densidade das partículas (Mg $m^{-3}$) | 2.63 |

**Quadro 2. Datas importantes relacionadas com as operações no terreno**

| Operações | Datas |
|---|---|
| Preparação do berçário | 16-06-09 |
| Preparação do layout | 15-07-09 |
| Encharcamento do campo | 16-07-09 |
| Aplicação de fertilizantes (dose basal) | 17-07-09 |
| Transplantação | 17-07-09 |
| Primeira irrigação | 28-07-09 |
| Aplicação de urina de vaca | 28-07-09 |
| Monda | 31-07-09 |
| $I^{st}$ cobertura superior | 02-08-09 |
| Segunda irrigação | 04-08-09 |
| Aplicação de urina de vaca | 04-08-09 |
| Terceira irrigação | 11-08-09 |
| Aplicação de urina de vaca | 11-08-09 |
| Quarta irrigação | 18-08-09 |
| Aplicação de urina de vaca | 18-08-09 |
| $II^{nd}$ para a preparação | 24-08-09 |
| Quinta irrigação | 25-08-09 |
| Aplicação de urina de vaca | 25-08-09 |
| Sexta irrigação | 01-09-09 |
| Aplicação de urina de vaca | 01-09-09 |
| Colheita | 21-11-09 |
| Debulha | 24-11-09 |

# Capítulo - IV RESULTADOS E DISCUSSÃO

Os resultados relativos ao efeito dos níveis de azoto e da urina de vaca no crescimento, rendimento e composição de nutrientes do arroz foram apresentados neste capítulo sob os seguintes títulos:

1.1 Efeito de N e urina de vacae urina de vaca no crescimento do arroz.

1.2 Efeito de N e urina de vacae urina de vaca no rendimento do arroz.

1.3 Efeito de N e urina de vacae a urina de vaca no teor de azoto do arroz.

1.4 Efeito de N e urina de vacae da urina de vaca no estado do N no solo.

## 1.1 Efeito dos níveis de N e da urina de vaca no crescimento do arroz

### 1.1.1 Altura da planta

Os dados relativos à altura da planta de arroz sob diferentes tratamentos medidos aos 30, 60 e 90 dias após o transplante (DAT) e na colheita foram apresentados na tabela - 3.

Os dados revelaram que a altura da planta sob vários tratamentos variou de 52,44 a 64,10, 70,44 a 86,99, 97,22 a 102,11, e 101,33 a 107,22 cm aos 30, 60, 90 DAT e na colheita, respetivamente. O efeito global dos tratamentos na altura das plantas foi considerado não significativo em todas as fases de crescimento da cultura, exceto na colheita. Os valores mínimos da altura da planta foram registados com o controlo (T0) e os máximos com os tratamentos T4 aos 30 e 60 DAT e T3 aos 90 DAT e na colheita.

### 1.1.2 Número de perfilhos

Os dados relacionados ao número de perfilhos são apresentados na tabela - 4. Os dados revelaram que o número de perfilhos variou de 6,88 a 12,99, 9,66 a 20,44, 9,77 a 20,33 e 9,99 a 20,66 aos 30, 60, 90 (DAT) e na colheita, respetivamente. A aplicação de N e urina de vaca sob diferentes combinações provou ser um melhoramento significativo no número de perfilhos em comparação com o controlo (T0). O tratamento T4 foi superior aos outros tratamentos. O número mínimo de perfilhos foi registado com o tratamento T0 (controlo).

## 1.2 Efeito dos níveis de N e da urina de vaca no rendimento do arroz

### 1.2.1 Rendimento de grãos

Os dados relativos ao rendimento de grãos de arroz em diferentes tratamentos são apresentados no quadro 5.

O rendimento máximo de grãos de arroz foi registado no tratamento T4 seguido de T 5, T3, T2 e T1. O rendimento mínimo de arroz foi observado no caso de T0 (controlo, sem entrada). O tratamento T4 registou um rendimento significativamente mais elevado do que os outros tratamentos.

### 1.2.2 Rendimento em palha

Os dados apresentados na tabela -5, mostram que a aplicação de diferentes tratamentos melhorou significativamente o rendimento de palha do arroz. O maior rendimento de palha de arroz foi registado no tratamento T4 (62,35) seguido pelos tratamentos T5 (55,85), T3 (48,50), T2 (40,86), T1 (40,70). O rendimento mínimo de palha foi registado no tratamento T0 (19,95).

## 1.3 Efeito dos tratamentos no estado de N do solo

Os dados relativos ao estado do azoto disponível no solo aos 45 dias após a transplantação (DAT) e na amostra de solo após a colheita são apresentados no quadro 6. O teor de azoto disponível do solo foi significativamente afetado pelos diferentes tratamentos em ambas as fases da amostragem do solo. O tratamento T2 registou o teor máximo de azoto disponível, seguido do T3, T4, T1 e T5. O valor mínimo foi registado com o tratamento T0 (controlo). O efeito global do tratamento foi considerado significativo em ambas as fases da amostragem do solo. O teor de azoto disponível no solo variou entre 164,77 e

216,84 e 151,20 e 213,24 kg $ha^{-1}$ aos 45 DAT e após a colheita, respetivamente. O teor de azoto disponível no solo aumentou com a aplicação de azoto em diferentes combinações, em comparação com o teor inicial (180 kg $ha^{-1}$). O maior aumento foi registado com T2.

## 1.4 Efeito dos tratamentos no teor de azoto do arroz

### 1.4.1 Teor de azoto (%)

Os resultados (tabela - 7) revelaram que a aplicação de azoto isolado e a utilização conjunta de urina de vaca, respetivamente, aumentaram o teor de azoto na palha em relação ao controlo. O teor máximo de azoto na palha foi encontrado no tratamento T4 (0,60 %) seguido de T5, T3, T2 e T1 e o mínimo no tratamento T0 (controlo). Também se registou uma tendência semelhante no caso do teor de azoto no grão. O efeito global dos tratamentos foi considerado significativo. O teor máximo de azoto no grão foi obtido no tratamento T4 (1,22%) e o mínimo no controlo (0,96%). O tratamento T4 foi significativamente superior aos outros tratamentos.

### 1.4.2 Absorção de azoto

Os dados apresentados no quadro 8 mostram que a absorção total de azoto (grãos + palha) pelo arroz aumentou significativamente com os diferentes tratamentos. A maior absorção (kg $ha^{-1}$) de azoto foi registada no tratamento T4 (85,66), seguido do T5 (68,74), T3 (58,30), T2 (43,68) e T1 (40,74). O mínimo foi registado em T0 (15.16). A absorção máxima de azoto no tratamento T4 deve-se ao rendimento máximo de grãos e palha.

Como é evidente nos resultados experimentais, a aplicação de nitrogénio aumentou o crescimento e a produção de matéria seca do arroz. A urina de vaca foi ainda mais eficaz no aumento do crescimento e da produção com níveis de azoto fornecidos através da ureia. O aumento do crescimento e da matéria seca é produzido devido à disponibilidade eficiente de azoto e à sua absorção e translocação finais para as diferentes partes das plantas onde o azoto é altamente necessário. Muitos investigadores Mirza e Reddy (1989), Kumar *et al.* (1996) e Singh *et al.* (2008) também relataram uma resposta positiva significativa devido à aplicação de azoto no que diz respeito ao crescimento e rendimento do arroz. Entre os vários tratamentos, o T4 deu uma melhor resposta do que os outros e registou a produção máxima da cultura. Isto pode ser o resultado de uma maior disponibilidade e rápida absorção, auxiliada por uma translocação rápida e eficiente dos metabolitos para as partes necessárias das plantas cultivadas. Portanto, no que diz respeito ao efeito da urina de vaca, tem sido

relataram que a urina de vaca contém de 6.8 a 21.69 N litro$^{-1}$ (Bristow et *al.*, 1992) e que o nitrogênio pode ser a razão para o aumento da produção de arroz. Weigelt *et al.* (2003) relataram que a urina de vaca causou um grande aumento na produção de centeio, devido inteiramente ao seu componente N.

O teor mais elevado de N no grão e na palha, bem como a absorção, também foi registado com T4 (NPK 90:60:60 kg ha$^{-1}$ + urina de vaca). Isto deve-se provavelmente a uma maior disponibilidade de N através de T4, pelo que a planta pode ser capaz de absorver mais azoto. A absorção é o produto do rendimento e do conteúdo de matéria seca e este aumentou devido ao maior rendimento de matéria seca. O aumento da concentração de N no centeio devido à urina também foi relatado por Weigelt *et al.* (2003).

A disponibilidade de azoto no solo depende da quantidade e natureza da fonte de azoto, das caraterísticas do solo e da interação com os outros nutrientes presentes no solo. O efeito de diferentes níveis de azoto isoladamente e em combinação com urina de vaca aumentou significativamente a disponibilidade de azoto em todas as fases de crescimento da cultura. A disponibilidade de azoto diminuiu com o avanço da fase de crescimento da cultura. A disponibilidade mais elevada foi registada em T2. Isto é provavelmente devido ao alto nível de nitrogénio aplicado.

**Tabela 3. Efeito dos tratamentos na altura das plantas (cm) em diferentes fases de crescimento do arroz**

| Tratamentos | Altura da planta | | | |
|---|---|---|---|---|
| | **30 DAT** | **60 DAT** | **90 DAT** | **Na Colheita** |
| Para | 52.44 | 70.44 | 97.22 | 101.66 |
| Ti | 61.10 | 84.10 | 98.22 | 104.66 |
| T2 | 59.88 | 71.33 | 95.10 | 102.33 |
| T3 | 63.88 | 84.77 | 105.88 | 110.88 |
| T4 | 64.10 | 86.99 | 102.11 | 107.22 |
| T5 | 63.10 | 79.99 | 100.98 | 104.00 |
| **CD(P=0,05)** | **NS** | **NS** | **NS** | **5.82** |

**NS = Não significativo, DAT = Dias após a transplantação**

**Tabela 4. Efeito dos tratamentos no número de perfilhos em diferentes fases de crescimento do arroz**

| Tratamentos | N.º de perfilhos | | | |
|---|---|---|---|---|
| | **30 DAT** | **60 DAT** | **90 DAT** | **Na Colheita** |
| Para | 6.88 | 9.66 | 9.77 | 9.99 |
| $T_1$ | 10.66 | 15.66 | 15.88 | 16.00 |
| T2 | 8.88 | 11.55 | 11.77 | 11.99 |
| T3 | 10.77 | 16.88 | 17.55 | 18.00 |
| T4 | 12.99 | 20.44 | 20.33 | 20.99 |
| T5 | 11.77 | 18.89 | 18.33 | 18.66 |
| CD(P=0,05) | 3.66 | NS | NS | NS |

**NS = Não significativo, DAT = Dias após a transplantação**

**Tabela 5. Efeito dos tratamentos no rendimento (q $ha^{-1}$) do arroz**

| Tratamentos | Grãos | Palha |
|---|---|---|
| Para | 9.58 | 19.95 |
| $T_1$ | 18..33 | 40.70 |
| T2 | 18.96 | 40.86 |
| T3 | 27.29 | 48.50 |
| T4 | 39.57 | 62.35 |
| T5 | 32.08 | 55.85 |
| CD(P=0,05) | 4.05 | 2.22 |

**Tabela 6. Efeito dos tratamentos no estado do solo em termos de azoto disponível (kg $ha^{-1}$)**

| Tratamentos | Azoto disponível | |
|---|---|---|
| | 45 DAT | Na Colheita |
| Para | 164.17 | 151.20 |
| $T_1$ | 208.61 | 203.84 |
| T2 | 216.84 | 213.24 |
| T3 | 213.24 | 203.81 |
| T4 | 210.38 | 200.70 |
| T5 | 203.84 | 185.61 |
| CD(P=0,05) | 6.89 | 13.12 |

**DAT = Dias após a transplantação**

**Quadro 7. Efeito dos tratamentos no teor de N (%) do arroz**

| Tratamentos | Palha | Grãos |
|---|---|---|
| Para | 0.30 | 0.96 |
| $T_1$ | 0.51 | 1.09 |
| T2 | 0.54 | 1.14 |
| T3 | 0.55 | 1.16 |
| T4 | 0.60 | 1.22 |
| T5 | 0.56 | 1.18 |
| **CD(P=0,05)** | **0.032** | **0.047** |

**Quadro 8. Efeito dos tratamentos na absorção de N pelo arroz**

| Tratamentos | Palha | rendimento | Total |
|---|---|---|---|
| Para | 5.98 | 9.18 | 15.16 |
| $T_1$ | 20.77 | 19.96 | 40.74 |
| T2 | 22.06 | 21.61 | 43.68 |
| T3 | 26.68 | 31.62 | 58.30 |
| T4 | 33.40 | 48.25 | 85.66 |
| T5 | 30.89 | 37.85 | 68.74 |
| **CD(P=0,05)** | **1.34** | **4.25** | **2.13** |

# Capítulo - V RESUMO E CONCLUSÕES

O arroz é o alimento básico de mais de 60 por cento da população mundial. Na Índia, o arroz é a cultura alimentar mais importante e mais extensiva, ocupando cerca de 43,7 milhões de hectares de terra. O rendimento médio do arroz na Índia é de apenas 2,12 toneladas por hectare. A análise das lacunas de rendimento revela que 30 a 40 por cento do rendimento potencial ainda não foi atingido com as variedades de alto rendimento disponíveis, semeadas em solos irrigados altamente produtivos. Tendo em conta o que precede, foi realizada uma experiência de campo para investigar a influência dos níveis de azoto e de urina de vaca no arroz com os seguintes objectivos

1. Estudar o efeito dos níveis de azoto e da urina de vaca no crescimento e no rendimento do arroz.

2. Estudar o efeito dos níveis de azoto e da urina de vaca no teor de azoto do arroz.

3. Observar o estado do azoto disponível no solo.

Para atingir os objectivos, foi realizada uma experiência de campo durante a estação Kharif de 2009 no Departamento de Química Agrícola e Ciência do Solo, Colégio Autónomo Udai Pratap, Varanasi. A experiência foi efectuada em blocos aleatórios (RBD)

Os tratamentos incluíram a combinação de quatro níveis de azoto (120, 100, 90 e 60 kg $ha^{-1}$) e urina de vaca. Os parâmetros importantes da planta, tais como a altura da planta, o número de perfilhos, o rendimento do grão e da palha, foram registados nestes tratamentos. O teor de azoto na planta e no grão foi estimado para determinar a absorção de azoto. Foi também registado o estado do azoto disponível no solo aos 45 DAT e após a colheita da cultura.

Os dados obtidos no presente estudo foram analisados estatisticamente e os resultados estão resumidos a seguir:

1. Os parâmetros de crescimento (altura da planta e número de perfilhos) foram aumentados por diferentes tratamentos. O valor mínimo foi registado no tratamento T0 (controlo) e o máximo no tratamento T4 aos 30 e 60 DAT e T3 aos 90 DAT e na fase de colheita.

2. A aplicação de azoto aumentou significativamente a produção de matéria seca. O rendimento mais elevado de grãos e palha foi registado com T4.

3. Todos os tratamentos têm um efeito significativo sobre o controlo no caso do teor de azoto no grão e na palha. A concentração mínima de nutrientes (N) foi registada no tratamento T0 (controlo) e a máxima no T4. Também se verificou uma tendência semelhante no caso da absorção de azoto pela palha e pelo grão.

4. O estado dos nutrientes disponíveis (N) no solo também foi significativamente afetado pelos tratamentos aos 45 DAT e após a colheita. A quantidade mínima de azoto disponível foi registada no tratamento T0 e a máxima no tratamento T2.

O presente estudo concluiu que a aplicação de azoto a diferentes níveis com urina de vaca na cultura do arroz afectou significativamente o rendimento e o estado do azoto disponível no solo. A aplicação de azoto a 90 kg $ha^{-1}$ com 60 kg $ha^{-1}$ de potássio e fósforo + urina de vaca, respetivamente, foi considerada o melhor tratamento em termos de crescimento, rendimento e teor de azoto do arroz.

# Capítulo - VI BIBLIOGRAFIA

Agrawal, S.K., Shanker, H. e Agrawal, M.M. (1990) Effect of slow release nitrogen and nitrification inhibitors on rice-wheat sequence. *Indian Journal of Agronomy* **35** (4): 337-340.

Ali, Tahir and Singh, T.A. (1994) Nitrogen use efficiency and ammonia volatilization potential in flooded rice as affected by modified urea material. *Journal of the Indian Society of Soil Science* **42** (4): 536539.

Ambily, K.K., Karthikakuttyamma, M., Nair, A.N.S, Ulakanathan, A., Mary, C.P. e Jacob, S. (2003) Volatilization loss from urea and modified forms of urea. *Indian Journal of Natural Rubber Research* **16** (1/2): 115-117.

Bandyopadhyay, K.K. and Sarkar, M.C. (1995) Nitrogen use efficiency, N balance and N losses in flooded rice in Inceptisol. *Comunicações em Ciência do Solo e Análise de Plantas* **36** (11-12): 16611679.

Barakat, M.Z. e Guindi, M.M. El. (1968) Biochemical analysis of normal goat urine. *Zentralblatt for Veterinarmedizin Reihe A.* **15** (1): 6068.

Bhattacharyya, R., Sachdev, M.S., Uppal, K.S., Narayanasamy, G., Datta, S.P. e Singh, A.K. (2006) Effect of Nitrogen-15 labelled urea application alone and in combination with farm yard manure or green manure on yield and nitrogen use efficiency by rice. *Journal of the Indian Society of Soil Science* **54** (4): 500-504.

Blaise, D. e Prasad, R. (1994) Efeito da mistura de ureia com pirite ou do revestimento de ureia com polímero na perda por volatilização de amoníaco da ureia aplicada à superfície. *Biology and Fertility of Soils* **20** (1):83-85.

Bristow, W., Andrew. C. W. David e E. Cockburn, John (1992) Nitrogenous constituents in the urine of cattle, sheep and goats. *Journal of the Science of*

*Food and Agriculture* **59** (3): 387-394.

Bulbule, A.V., Patil, V.S., Jangle, G.D. e Purkar, J.K. (2006) Efficient management of nitrogenous fertilizer in low land rainfed transplanted rice under rainfed rice ecosystem. *Agricultural Reviews* **26** (1): 54-56.

Chauhan, R.P.S. (1999) Eficiência de materiais de ureia revestidos no sistema arroz (*Oryza sativa*) trigo (*Triticum aestivum*) em solo sódico parcialmente recuperado. *Indian Journal of Agricultural Science* **69** (5): 311316.

Das, S. and Singh T.A. (1994) Nitrogen use efficiency by rice and flood water parameters as affected by fertilizer placement techniques. *Journal of the Indian Society of Soil Science* **42** (1): 46-50.

Devasenpathy, P. e Palaniappan, S.P. (2000) Band placement of urea solution: Uma nova técnica para aumentar a eficiência da ureia-N em arroz transplantado (*Oryza sativa*). *Indian Journal of Agronomy* **45** (2): 309314.

Guster, R., Ebertseder, Th., Weber, A., Schrami, M. e Schmidhalter, U. (2005) Short-term and residual availability of nitrogen after long-term application of organic fertilizer on arable land. *Journal of Plant Nutrition and Soil Science* **168** (4): 439-446.

Jarald, E., Edwin, S., Tiwari, V., Garg, R. e Toppo, E. (2008) Antioxidant and antimicrobial activities of cow urine. *Global Journal of Pharmacology* **2** (2): 20-22.

Jena, B. e Mishra, C. (1987) Effects of several urea-based N sources. *International Rice Research Newsletter* **12** (3): 149-152.

Jena, D., Mishra, C. e Bandyopadhyay, K.K. (2003) Effect of prilled urea and urea super granules on dynamics of ammonia volatilization and nitrogen use efficiency of rice. *Journal of the Indian Society of Soil Science* **51** (3): 257-261.

Kumar, D., Swarup, A., and Kumar V. (1996) Influence of levels and method of

N application on yield and nutrition of rice in a sodic soil. *Journal of the Indian Society of Soil Science* **44** (2): 259-263.

Kumar, V.J.F., Balasubramanian, M. e Manohar J. D. (1996) Application of different forms of urea for rice. *Journal of the Indian Society of Soil Science* **44** (2): 267-270.

Kundu, S., Barman, K.K. e Singh, M. (2000) Effect of fertilizer N rates on soil, N uptake and recovery of applied N by wheat in a typic Haplustert. *Journal of the Indian Society of Soil Science* **48** (2): 287-291.

Lockyer, D. R. (1984) A system for the measurement in the field of losses of ammonia through volatilization. *Journal of the Science of Food and Agriculture* **35** (8): 837-848.

Lopez, S., Liamazares, E. e Gonzalez, J.S. (1998) Determinação do azoto amoniacal na urina de pequenos ruminantes. *Journal of the Science of Food and Agriculture* **78** (1): 95-101.

Mahapatra, P., Panda, M.M., Chalam, A.B., Chakravarti, S.P. e Mohanty, S.K. (1997) Effect of green manuring and N fertilization on the yield and nitrogen use efficiency of wetland rice. *Journal of the Indian Society of Soil Science* **45** (1): 95-99.

Mirza, W.A. e Reddy, S.N. (1989) Performance of modified urea materials at graded levels on nitrogen under experimental and farmer's management condition in low land rice (*Oryza sativa). Indian Journal of Agriculture Science* **59** (3): 154-156.

Mishra, B.J., Sharma, R.D. and Murthy, J.R. (1990) Effect of neem cake and shellac coating of urea and green manure of ammonia volatilization and nitrogen use efficiency for rice. *Jornal da Sociedade Indiana de Ciência do Solo* **38** (2): 224-228.

Mishra, C., Jena, D., Bandyopadhyay, K.K. e Schepers, J.S. (1995) Urea hydrolysis and ammonia volatilization from some urea based fertilizer applied to rice. *Journal of the Indian Society of Soil Science* **43** (3): 381-386.

Mohanty, S.K. Panda, M.M., Masier, A.R., Mahapatra, P. e Reddy, M.D. (1998) 15 Estudos sobre o balanço de N num sistema de cultivo de arroz e grama verde. *Journal of the Indian Society of Soil Science* **46** (2): 232-238.

Pal Y.B. and Shenay, H. (2000) Effect of nitrification inhibitors and time of nitrogen application on hybrid maize. *Pesquisa atual Universidade de Ciências Agrárias* **29** **(**1/2): 19-20.

Purakayatha, T.J. e Chhonkar, P.K. (2006) Avaliação da volatilização de amoníaco a partir de fertilizante de ureia-micronutriente compactado aplicado em arroz cultivado num haplustept típico. *Journal of the Indian Society of Soil Science* **54** (1): 80-85.

Rabindra, B. (1986) Improved management of urea in rice. *International Rice Research Newsletter* **11** (5): 42.

Rajgopalan, S. e Subramanian, M. (1986) Response of rice to different N fertilizers. *International Rice Research Newsletter* **11** (5): 3940.

Ramasamy, S. Shankaran, S., Velu, V., Athamanathan, V. e Rajagopal, J. (1987) Split application of slow release urea. *International Rice Research Newsletter* **12** (2): 45.

Rao, A.S. e Raddy, K.S. (2008) Deterioração das qualidades físicas, químicas e biológicas. *The Hindu Survey of Indian Agriculture* 105-107.

Rao, K.S. e Moorthy, B.T.S. (1994) Modified urea forms evaluated in low land rice. *International Rice Research Notes* **19** (3): 24

Roul, P.K. e Mahapatra, P.K. (2006) Integrated nitrogen nutrition in rice-based cropping systems. *Agricultural Reviews* **27** (1): 60-66.

Shivay, V.S., Prasad, R., Singh, S. e Sharma, S.N. (2001) Coating of prilled urea with neem (*Azadirachta indica*) for efficient nitrogen use in low land transplanted rice (*Oryza sativa*). *Indian Journal of Agronomy* **46** (3): 453-457.

Singh, M., Singh, T.A. e Singh, M. (1989) Comparação da ureia revestida com óleo de neem *(Azadirachta indica)* com outros fertilizantes revestidos com ureia num solo calcário alcalino. *Journal of the Indian Society of Soil Science* **37** (2): 314-318.

Singh, S.B., Shahi, S.K., e Verma, S.S. (2008) Effect of levels and sources of nitrogen on soil properties, crop growth and yield of rice. *Indian Journal of Environmental Research* **20** (2): 69-74.

Singh, S., Singh, R.N., Prasad, J. e Singh, B.P. (2006) Effect of integrated nutrient management on yield and uptake of nutrients by rice and soil fertility in rainfed uplands. *Journal of the Indian Society of Soil Science* **54** (3): 327-330.

Somasundaram, E., Mohamed Amanullah, M., Thirukkumaran, K., Chandrasekaran, R., Vaiyapuri, K. e Sathyamoorthi, K. (2007) Biochemical changes, nitrogen flux and yield of crop due to organic sources of nutrients under maize based cropping system. *Journal of Applied Sciences Research* **3** (1): 1724-1729.

Stalin, P., Thiyagarajan, T.M., Ramanathan, S., Subramanian, M. e Balasubramanian , V. (2002) Evaluation of various fertilizer nitrogen recommendation for rice in Cauvery Delta of Tamil Nadu. *Journal of the Indian Society of Soil Science* **50** (2): 171-174.

Suresh, Velu, V. e Rama Swami, P.P. (1994) Dynamics of nitrogen forms in the leachate in relation to yield and nitrogen uptake by rice. *Journal of the Indian Society of Soil Science* **42,** 398-401.

Velu, V. e Ramanathan (1996) Nitrogen valance studies in rice growing wetland soil. *Jornal da Sociedade Indiana de Ciência do Solo* **44** (4): 684-689.

Viraktamath, B.C. e Rani, N.S. (2008) Pivotal pisition achieved by combination of factors. *The Hindu Survey of Indian Agriculture* 22-25.

Wachendorf, C., Lampe, C., Taube, F. and Dittert, K. (2008) Nitrous oxide emissions and dynamics of soil nitrogen under 15 N- labeled cow urine and dung patches on a sandy grassland soil. *Journal of Plant Nutrition and Soil Science* **171 (**8): 171-180.

Weigelt, A., King, R., Bol, R. e Bardgett, R. D. (2003) Interspecific variability in organic nitrogen uptake of three temprate grassland species. *Journal of Plant Nutrition and Soil Science* **166** (5): 606-611.

Williams, P. H. e Haynes, R. J. (1993) Forms of Sulphur in sheep excreta and their fate after applications on to posture soil. *Journal of the Science of Food and Agriculture* **62** (4): 323-329.

Yaduvanshi, N.P.S. (2001) Perdas por volatilização de amoníaco resultantes da gestão integrada de nutrientes em arrozais de solo alcalino. *Journal of the Indian Society of Soil Science* **49** (2): 276-280.

MIX
Papier aus verantwortungsvollen Quellen
Paper from responsible sources
FSC® C105338

Printed by Books on Demand GmbH, Norderstedt / Germany